AF307684

Wer es verstehen kann, der verstehe es.

Wer aber nicht, der lasse es ungelästert und ungetadelt.

Dem habe ich nichts geschrieben.

Ich habe für mich geschrieben.

Jakob Böhme

Jedes ausgesprochene Wort erregt den Gegensinn

Joh Wolfgang v. Goethe

.

Ich danke

Dem Unternehmen BoD das durch seine Konzeption die Veröffentlichung auch unkonventioneller Ideen erlaubt.

U. W. Geitner

Schatten im Universum

Das Innenleben der Elementarteilchen XII d

4

Copyright jun 2016 Uwe Geitner

Herstellung und Verlag: BoD - Books on Demand, Norderstedt

Printed in Germany

Dieses Buch wurde im On-Demand-Verfahren hergestellt

ISBN 9 7838391 86213

Inhalt

1 Einführung

Das vorangehende Büchlein beschreibt einen Pfad zur Weltformel. Darin geht es um die Entwicklung eines groben Rechenweges von den ersten Quanten über Wellen, Wellenpakete, Teilchen bis zu deren Eigenschaften (elektrisch-mechanischen, gravitiven usw). Das bietet einen (einfachen) Rechenansatz für alle denkbaren Vorgänge.

Dabei sind die Konflikte verschiedener Interpretationen und Theorien weitgehend auf der Strecke geblieben. Diese Lücken wollen wir hier ausleuchten und schauen, welche Schatten sich einer Durchdringung verweigern – oder müssen wir die Schatten in unserem Denken suchen? Lange Zeit war die Erde, dann die Sonne, schliesslich die Milchstraße der Mittelpunkt unseres Universums!

Warnung: Wenn wir uns vor der Wahl zwischen wissenschaftlich exakter oder verständlicher Ausdrucksweise gestellt sehen, werden wir immer die Verständlichkeit wählen!

2 Grundmodelle

Bevor wir in die Einzelheiten gehen betrachten wir den Rahmen, in dem wir uns bewegen wollen. Damit fällt die Orientierung in dem Folgendem leichter.

Wir müssen schon die Mechanismen menschlichen Denkens anwenden aber wir müssens uns hüten, menschen-zentrisch (anthropozentrisch) zu denken. Räumlich-zeitlich, materiell ist der Mensch im Universum kaum (eigentlich: nicht) erkennbar. Das was ihn hervorhebt, ist seine Fähigkeit zur Reflektion seiner Reflektionen (Bewußtsein). Auch das ist nur im (und für) den Menschen selbst von Bedeutung.

Unser Denken, unser Bewußtsein, bietet uns einige Grundmodelle an, die uns ein Verstehen des Universums möglich zu machen scheinen. Die Aufzählung erhebt keinen Anspruch auf Vollständigkeit, sie sollte allerdings die wesentlichen Möglichkeiten repräsentieren.

Das zyklische Universum

Eine Vorstellung, die von weiterem Grübeln befreit (scheinbar!), ist die Hypothese, das Universum gebe es seit Ewigkeiten, sei es in wandelnder Gestalt, sei es in sich stets ähnlich wiederholenden Zyklen. Es muß also stets eine (gleichbleibende) Menge an Energie bzw Masse existieren.

Das Nichts als Anfang und als Ende

Weiteres Grübeln ist angesagt, wenn das Universum aus dem Nichts enstanden sein sollte (und wieder zu Nichts wird). Die unergründliche Frage ist: Wie kann Etwas aus dem Nichts entstehen und darin wieder aufgehen? Die Frage scheint unergründlich, weil „der" zentrale Grundsatz unseres (wissenschaftlichen) Denkens lautet: Alles hat seinen Grund (Satz vom Grunde). Wir haben diesen Satz in vorangehenden Bänden erweitert zu: Alles hat seinen Grund und seinen Sinn (Satz vom Grunde und Sinn). Wir haben dort auch den engen Zusammenhang zum Satz der Erhaltung gezeigt.

Gott

Eine These, die weiteres Nachdenken erspart (dafür Glauben erfordert) ist die Annahme, ein Gott habe das Universum erschaffen. (Oder mehrere Götter. Das wird aber schon schwieriger, denn sie erfordert ein „soziales Gefüge" der Götter unereinander). Mit „einem" Gott wird es einfacher: einem Alleinigen, Ewigen, der immer schon war und immer sein wird.

Eine Anfangsbilanz

Es scheint sehr zielführend, hier schon eine Zwischenbilanz der drei Thesen vorzustellen – damit wir nicht in Löcher stolpern, die gar keine sind: Alle drei Thesen, die so oder ähnlich gedacht werden seit es Menschen gibt, sind im Grunde gleich, identisch in Ansatz und Inhalt, nur unterschiedlich in der Formulierung:

Wer die Welt aus dem **Nichts** entstehen läßt, der ist sehr nahe bei **Gott**: er hat die Welt aus dem Nichts erschaffen, aus der Ewigkeit für die Ewigkeit. Der **zyklische** Ansatz sagt auch genau dasgleiche: aus der Ewigkeit für die Ewigkeit! Einverstanden? Das Problembewußtsein ist überall sehr ähnlich und es schafft Lösungen, die sehr ähnlich sind jedoch sehr unterschiedliche Worte dafür benutzen. Die Diskussion über Nihilismus und Glauben ist überflüssig und der zwischen Christentum und Islam allenfalls spirituelle Gymnastik. Diese Ideen taugen nicht zu Mauern und Schwertern um Kulturhoheit durchzusetzen. Sie taugen sehr wohl zum Nachdenken, wie aus diesem „unterschiedlichen Gleichen" ein Universum bestehen und entstehen kann. Wir laden alle ernsthaften Gläubigen, Atheisten und Wissenschaftler zum Mitdenken ein:

3 Raumquanten

Wir haben uns in den vorangehenden Bänden mehrfach mit der Entstehung des Universums aus dem Nichts (und den Brücken zu einem „fundierten" Glauben) befaßt. Als Urmodell haben wir „Punktewolken" bemüht (physikalisch: Nichts) und daraus über Wellen und Wellengruppen physikalische Teilchen konstruiert.Wir nehmen zwei Ergänzungen vor: zum ersten gestalten wir den Anfang von „Allem" mit Raumquanten deutlich „smarter" und zum zweiten räumen wir Zeit und Raum vor dem Anfang, das Vakuum, gründlich auf.

3.1 Raum- u. Zeitquanten

Wie entsteht das Etwas? Etwas aus Etwas? Etwas aus Nichts! Das scheint zur Antwort der Grundfrage gleichermaßen von Philosophie, Naturwissenschaft und Religion zielführender. Ein – mathematischer – Übergang vom Nichts zum Etwas könnten Punkte sein: Punkte sind physikalisch Nichts, mathematisch ein geometrisches Konstrukt: sie strukturieren das Nichts und bieten einen Ansatz für Erweiterung, zB Punktewolken. (Bild 3.1)

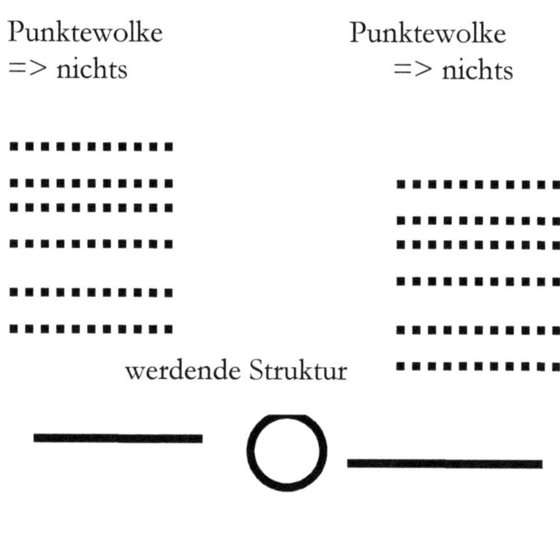

zunehmende Dichte, abnehmende Geschwindigkeit

Bild 3.1: **Entstehung aus Punktewolken**

Eleganter als Ausgangspunkt sind Raum-(und Zeit)quanten. Sie sind die kleinste unteilbare Einheit im Raum. Damit beinhalten sie bereits die „räumliche" Eigenschaft. Sie sind ebenfalls physikalisch Nichts und ein geometrisches Konstrukt, eines das bereits räumlich erscheint und damit manche Vorteile für Vorgänge in Raum und Zeit mitbringt. (u.a. bringt es einen Erklärungsansatz für die Raum-Zeitkrümmung der allgemeinen Relativitätstheorie: dazu, Kap 4).

Wenn das Raumquant die kleinste Raumeinheit ist, muß es folgende Eigenschaften haben:
Es muß einen Rauminhalt > 0 besitzen
Es darf nicht teilbar sein
Es muß undurchdringlich sein
In Anlehnung an die Quantentheorie formulieren wir:
Es darf sich überlagern aber nicht aufheben
Seine Existenz ist wahrscheinlichkeitsabhängig
Die Wahrscheinlichkeit ist ereignisabhängig.

Damit haben wir ein Gerippe für die Raumquanten. Wo können bei den Raumquanten Ereignisse entstehen? Ereignisse beinhalten eine Zeitabhängigkeit. Damit entsteht die Notwendigkeit, den Zeitbegriff einzuführen. Raum kann ohne Zeit „existieren". Er ist oder ist nicht. Zeit aber bedarf des Raumes: Sie macht nur im Zusammenhang mit der Lage (Veränderung) von Objekten einen Sinn.

Was bringt in Analogie die Einführung von Zeitquanten ?
Ein Zeitquantum muß > 0 sein.
Es darf nicht teilbar sein
Zeitquanten verhindern unbegrenzte Geschwindigkeit
Sie bringen eine untere Grenze der Zeit(einteilung)

Die Quantisierung von (Raum und) Zeit bringt also einige Vorteile. Damit wäre nur die Aussage möglich: hat sich bewegt oder nicht. Das ist ebenso aussagefähig wie die räumliche Beschreibung: ist vorhanden oder ist nicht vorhanden. Nur im Vergleich mit einem Bezugssystem, das die Veränderung (räumlich)-zeitlich beschreibt, ist eine quantifizierende Aussage möglich.

3.2 Impuls

Raum und Zeit haben wir mittels der Quanten etabliert. Es fehlt noch eine fundamentale Eigenschaft bzw Größe: Ja, sie hängt mit der Geschwindigkeit zusammen: der Impuls (Masse x Geschwindigkeit). Die entscheidende Frage ist: wie wird die Energie (m x v) x v) von einem Raumquant auf ein anderes übertragen? Hier erleichtert die Einführung der Raumquanten die Erklärung:

Es fehlen noch zwei wesentliche Aussagen, die wir zT. schon implizit verwendet haben:
Es gilt immer der Satz vom Grunde (und vom Sinn). Dh, alles was sich ereignet, hat eine Ursache.
Es gilt immer der Satz der Erhaltung (insbesondere für die Energie). Dh: aller Impuls und ... bleiben erhalten.

Mit den Eigenschaften der Raumquanten: nicht teilbar, nicht verformbar, nicht auslöschbar liegt die Erklärung auf der Hand: Raumquanten, die sich stoßen können gar nicht anders als den Stoß weiterzugeben (hier zunächst: unelastischer Stoß). Wenn wir also in Bild 3.1 die Punktewolken durch Wolken von Raumquanten ersetzen, dann zeigt das Bild die Entstehung des Impulses, Masse mal Geschwindigkeit. Damit sind wir ohne Absicht zu einer weiteren Schlüsselgröße – neben Raum und Zeit – der „Masse" , gelangt.

13

Ehe wir darauf eingehen, müssen wir die Frage klären: wie ensteht ein (der erste) Stoß? Die Raumquanten könnten sich stoßen – wenn zwischen ihnen ein Abstand besteht! Der Mindestabstand muß - per Definition – mindestens ein Raumquant betragen! Gehen wir davon aus: alle Raumquanten sind so „auf Lücke" angelegt. Wer macht den ersten Stoß?

Die Raumquanten folgen den Regeln der Quantentheorie: Sie bewegen sich und bewegen sich nicht (Schrödingers Katze, tot und lebendig zugleich). Machen wir es uns das nicht zu einfach? Die Raumquanten sind physikalisch nichts, nur mathematisch. Also können wir alles mit ihnen machen. Wir könnten die Quanten alle so bewegen, daß die Summe der Bewegungungen geometrisch-mathematisch Null ist. Dennoch: die einzige ehrliche Antwort ist: Es gibt keine Lösung, die mit den Regeln unseres erfahrbaren Universums in Einklang zu bringen ist. Eine rein formale Konstruktion (etwa: Summe der Bewegungen = null) ist zu dürftig. Um dennoch den Sprung in unser Universum zuschaffen machen wir eine Annahme, die wir als solche immer bedenken wollen:

Wir orientieren uns an dem Geschehen im Kosmos und versuchen auf den Anfang vor dem Anfang des sog Urknalls zu schließen: alles im Kosmos ist vielfältig und - Voraussetzung einer Vielfalt – strukturiert. Die Struktur, deren Regel wir nicht erkennen, nennen (!) wir chaotisch. Mit den Raum- und Zeitquanten sind wir physikalisch immer noch beim Nichts Wir wollen vom Nichts an den Anfang.. Dazu bedienen wir uns eines Tricks (?). Wir stellen fest, wie in vorangehenden Texten (Bände V, VII, X) begründet:
Unendlichkeit und Nichts sind identisch.
Es gibt am Anfang nur 0 oder oo für alle Gößen. (Wir kommen aus dem Nichts)
Quanten sind der erste Schritt von =0 in >0

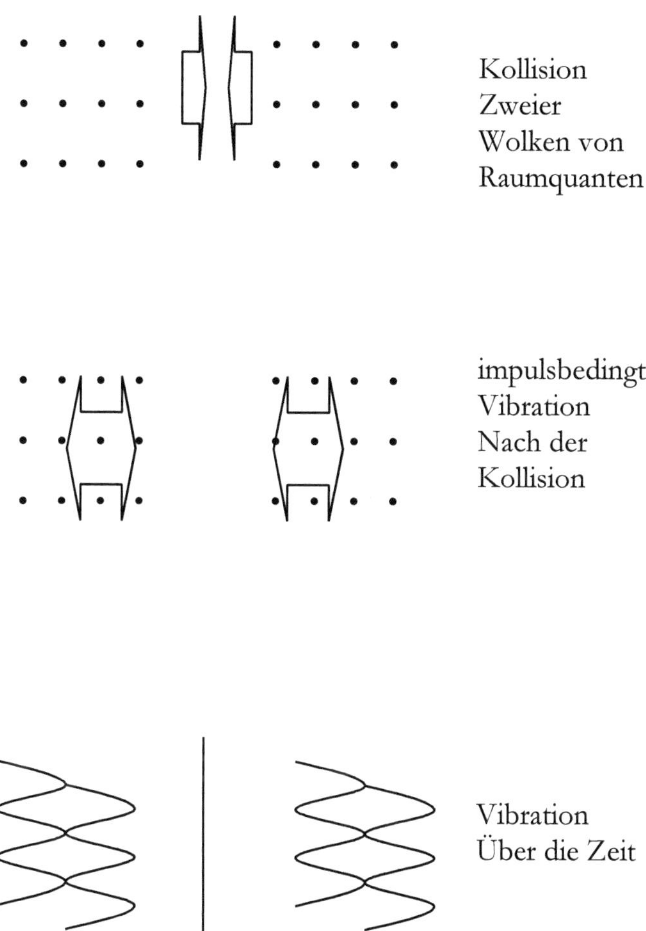

Bild 3.2: Entwicklung der Welle

Das gilt für Raum und Zeit. Zumindest von außen betrachtet. Wir können nun annehmen, daß es oo viele Quantenwolken mit Ausdehnung oo und Geschwindigkeit oo gebe. Mehrere Unendlichkeiten „nebeneinander" sind mathematisch nicht ungewöhnlich (Beispiele rationale- oder Primzahlengruppen). In solcher Gemengelage sind Kollisionen zwischen Quantenwolken mehr als wahrscheinlich. Jede Kollision erzeugt eine Unmenge von Impulsen der Raumquanten und damit die energetische Basis für ein Universum.

Somit haben wir den Schritt vom Nichts zum Etwas geschafft. (Bild 3.2) Dabei gäbe es Bedenken: Unendlich viele Wolken von Raumquanten müßten den ganzen Raum füllen, sodaß es keine Wolken gibt Bild 3.3. Antwort: Der Raum zwischen den Wolken ist selbst oo und auch die Bewegungsgeschwindigkeiten sind oo, sodaß Kollisionen mathematisch möglich sind. Wir haben also zwei Tricks angewandt, um zum Etwas zu gelangen:
  Wir haben0 und oo physikalisch gleichwertig gesetzt
  Quanten >0 sind mit dem Nichts verträglich, soweit sie selber (physikalisch) nichts sind.

Tricks! Nun müssen wir noch von einer Umgebung in Grenzwerten (0, oo, ... quanten) zu realen Größen kommen, vor allem bei der Geschwindigkeit. Vorher räumen wir noch im Vakuum auf. Das ist einfacher, macht frei und ist notwendig für das Folgende:

Bild 3.3: Raumquantenwolken

Geschwindigkeit = oo, Volumen = oo
Zwischenraum = oo ...

3.3 Das volle Vakuum

Mit dem Gedankenexperiment im oder aus dem Nichts bewegen wir uns in einem „Umfeld", das wir als Vakuum bezeichnen: Also ein Raum ohne... Ohne alles? Zumindest ohne Materie (was ist Materie?). Nun haben die Physiker seit längerem festgestellt, daß es so leer gar nicht ist: da gibt es die Vakuumenergie, es gibt die virtuellen Teilchen, die im Vakuum spontan entstehen und zerfallen, es gibt Felder, die das gesamte Vakuum durchziehen (Higgsfeld) und einige dunkle Mieter, die wir nur vom Namen kennen: dunkle Materie und Energie. Und es gibt sicher noch eine menge mehr!

Also: das „Vakuum" im traditionellen Sinne ist voller „Leben", voller Felder, Energie und sogar Teilchen. Dieses Vakuum können wir ohne gedankliche Verrenkungen als das fruchtbare Feld des Universums bezeichnen! Etwas vorausschauend haben wir schon in den ersten Bänden (IV, V) das Standardmodell mit seinen Quanten um drei Quantenebenen erweitert: Sekundär-, Primär- und Urquanten. Wenn wir im Folgenden vom Vakuum sprechen, meinen wir diesen fruchtbaren Acker es sei denn wir erwähnen, welche „Stoffe" ihm fehlen.

Typ der Objekte	Physikalisches Modell
Raumquanten	keine phys. Eigenschaft
Raumquanten in Kollision	Entstehung Raum, Zeit, Geschwindigkeit, Impuls, Wellen
Urquanten	Anlagerung von Wellen
Primär-, Sekundärquanten	Bausteine der Teilchen im Stdmodell
Fermionen, Bosonen (Elektron, Lichtquant...)	**Standardmodell**
Teilchen	klassisches Physikmodell

Bild 3.4: Entwicklungsstufen der Quanten

**Bild 3.5: Kollision von einzelnen Raumquanten
mit Raumquantenwolken**

Nun können wir die Betrachtung unserer Raumquanten wieder aufnehmen: Geschockt durch die Kollisionen rasen sie mit v = oo durch das mit Raumquanten gefüllte Vakuum. Ohne Kollision sind sie weder zu orten noch zu beschreiben. Mit einer Kollion werden sie zu einem Raumquant mit den oben genannten Eigenschaften und – ganz wesentlich: der Impulsfähigkeit Sie müssen damit die Eigenschaft eines „Massenträgers" haben,   obwohl bis jetzt weder eine Raumkrümmung noch Higgsfelder noch Gravitonen mitgewirkt haben (3 unverträgliche Ansätze zur Erklärung der Masseneigenschaft).

Zum einen haben sie noch eine Geschwindigkeit nahe oo. Sie muß, wie oben gezeigt, durch die Quantisierung kleiner oo sein. Außerdem kann die Weitergabe eines Impulses bei Quanten (anders als bei Punkten) anteilig erfogen oder zwischen mehreren Quanten aufgespalten werden (Bild 3.5). Die Geschwindigkeit wird also mit der Zahl von Impulsereignissen abnehmen, insbesondere dann, wenn die Impulse aus verschiedenen Richtungen auftreten. Das müssen wir bei dieser „ursprünglichen" Situation einbeziehen. Wird sich die durchschnittliche Geschwindigkeit bei der Lichtgeschwindigkeit c einpendeln? Hier vermutlich noch nicht. Dazu sind noch mehrere Quantenebenen zu „durchlaufen". Außer der Absenkung auf Lichtgeschwindikeit fehlt auch noch die Strukturierung als Teilchen und Symmetriegruppe (zB. SU 2). Sie gilt zumindest für das Higgs-Feldquant (nicht das Higgs-Boson). Das besorgt spätestens die Ebene der Sekundärquanten.

3.4 Der Urknall ohne Knall

Der Entstehung des Universums gehen also viele Prozesse voraus. Der Übergang vom (physikalischen ?) Nichts zum Etwas kann durchaus mehr oder weniger kontinuierlich erfolgen. Dabei wird der „erste Anstoß" , die erste Kollision von Wolken aus Raumquanten, sich mit (nahezu?) unendlichen Volumina vollziehen. Die Kollision erzeugt kleinere Wolken und kleinere Geschwindigkeiten und neue Kollisionen. So wird die Erzeugung eines Universums von einer Singularität zu einer Folge von Prozessen. Es gibt keinen Grund, warum diese Prozesse nicht mehrfach ststtfinden sollten.

3.5 Elementarteilchen als Quantengruppen

Wir müßten nun von den Raum-Zeitquanten zu den Elementarteilchen kommen. Dazu müßten wir wie angedeutet einige andere Quntenebenen durchlaufen (mindestens Ur-, Primär- und Skundäquanten) und werden dabei auf andere dunkle Felder treffen (mindestens dunkle Materie, Energie). Dabei könnten wir uns leicht verlaufen und im Dickicht der unbekannten Quanten und Felder hängen bleiben: Deshalb wählen wir die einfachere Vorgehensweise: Wir gehen vom Ziel aus, den Elementarteilchen und versuchen, den Salto rückwärts zu schlagen – zu den Raumquanten.

Standardbausteine Fermionen

Welle Ladung1 **L1**
Welle Ladung2 **L2**
Spinwelle **S** : !/2

Neutrino   Elektron   Quark

L1 L2   S   L1 L2   S (elektr)   **L1 L2   S** (stark)
                L1 L2   (schwa)   **L1 L2**   (elektr)
                                         L1 L2   (schw)

Standardbausteine Bosonen

Welle Ladung L
Spinwelle S : 1

Massenquant   Licht   Gluon

1 S (impuls)   **L1 L2 S**(elektr)   **L1 L2 L3 S** (stark)

Bild 3.6 : Wellenpakete

Ganz ohne Risiko geht auch das nicht, dh wir müssen einige Hypothesen wagen. In 11 vorangehenden Büchlein haben wir versucht, Aufbau und Struktur der Elementarteilchen zubegründen. Daß sie durch Wellen gebildet werden ist Konsens (insbes aber nicht nur: Stringtheorie). Die Wellen haben Eigenschaften (auch Konsens) und die fassen wir zu Gruppen zusammen (kein Konsens): am einfachsten nach den vier bekannten Kräften (analog den Eigenschaften): starke, schwache, elektische und gravitative. Die Elementarteilchen bestehen dann, je nachdem welche Eigenschaften sie haben, aus den entsprechenden Wellengruppen = Quantengruppen. (Bild 3.6) Diese einfache Struktur ist sehr hifreich, um viele Fragen zu beantworten. Als erstes legen damit die Standardfrage: Welle oder Teilchen? sagen wir als unzutreffend, in die Ablage.

4 Einheitliche Konzeption

Aus den Andeutungen und Versprechungen müssen wir nun eine einheitliche – besser: widerspruchsfreie – Konzeption entwickeln, die auch den Weg zu den Raum-und Zeitquanten zurückfindet.

4.1 Die vier Grundkräfte

Am einfachsten gehen wir von den vier genannten Grundkräften aus, die zT durchaus noch Rätsel aufgeben – wir haben die drei Theorien der Graviation genannt. Die französiche Ausgabe Bd 12f (bod.fr) erklärt die unterschiedlichen Größenordnungen der Kräfte aus ihrer Wirkungsweise.

Die zwei zweipoligen

Das sind die elektromagnetische und die starke Kraft. Diese beiden (nur diese) zeichnen sich dadurch aus, daß sie zu jedem Pol einen Gegenpol aufweisen: zu plus ein minus: zu jedem Feldquant des einen Pols ein Feldquant des Gegenpols. Dabei enthält die elektromagnetische Kraft zwei, die starke drei Kraftarten (Farben, flavors):

Die Feldquanten ((Eich)-Bosonen) sind ähnlich strukturiert: Masse 0, Spin 1 („Drehung"). Die Ladung (Polung) wird durch die zwei möglichen Spinrichtungen abgebildet: oben, unten (bzw plus minus bzw plus antiplus), bei den Quarks Farbe und Antifarbe.

Feldquanten gegensätzlicher Ladung (Ladung und Antiladung) neutralisieren sich gegenseitig (löschen sich aus) und erzeugen damit ein Feldquanten"vakuum" (negatives Potential, Anziehung). Gleiche Feldquanten bleiben erhalten und erhöhen das Potential (Abstoßung).

Kraft	Typ	Name	Fe.quant	Pole
e/m	e/m	el	Photon	pl min
		m		no sü
sta	farbe	rot	Gluon	r antir
		blau		b antib
		grün		g antig

Bild 4.1: zweipolige Kräfte

Die Feldquanten sorgen also für die Anziehung und Abstoßung. Dafür müssen sie (laufend) erzeugt werden! Das Elektron wartet nicht in „Ruhestellung", bis ein positives Teilchen vorbeikommt – und umgekehrt. Das gilt auch für die Gluonen. Dh Feldquanten müssen permanent erzeugt werden. Die Energie eines Photons (bzw Gluons) ist bekannt. Es läßt sich leicht ausrechnen, nach wieviel Stunden das Erzeugerteilchen erschöpft ist. Woher kommen die Feldquanten (Eichbosonen).

Die ambivalent polige

In der herrschenden Meinung werden stets die schwache und die elektrische Kraft, nicht aber die starke und die elektrische (wie hier) zusammengefaßt. Vor ca 100 Jahren war es nach vielen Irrwegen gelungen, die schwache und elektrische Kraft (mit dem sog Lagrange-formalismus) ähnlich zu strukturieren.

Der physikalische Vorgang ist bei der schwachen Kraft aber ein völlig anderer: Es gibt den sog. neutralen und den geladenen Strom (deshalb unser Begriff ambivalent). Hier geht es nicht um den Transport von Ladungen (schwach und elektrisch wie man irrtümlich zu meinen versucht ist), sondern um den Transport von Ladungsgeneratoren, Erzeugern von Feldquanten! Dh die Sender können danach keine „Ladungen" mehr versenden (oder empfangen). Die Ladung ist komplett weg, weitergereicht. Die „Wechsel"wirkung ist hier also gar nicht „wechsel"seitig sondern einseitig, einmalig. Die Träger, W- und Z-Bosonen, (Spin 1) transportieren die Ladungsgeneratoren und nicht nur Feldquanten (Ladungsanteile) wie die Photonen und sind entsprechend schwer.

Die eine einpolige (Masse)

Masse wirkt auf Masse nur durch Anziehung. Eine Abstoßung gibt es nicht, also haben wir hier einen einpoligen Zustand. Da es nur eine Ausprägung der Ladung gibt, braucht es auch nur ein Feldquant (Eichboson), um diese zu vermitteln. Das ist im Standardmodell das Graviton.

Für die Wirkungsweise der Kraft „Masse" werden eine Reihe von Theorien angeboten.: Graviton als Eichboson (Standardmodell), Raumkrümmung (Einstein), Higgsfeld mit

Higgsboson. Vielleicht können wir die Schatten der Unverträglichkeit mit einem Erklärungsansatz aufhellen:

Graviton wie Higgsfeld können wir gleichermaßen als Feldquanten ansehen. Das Graviton als Eichboson überträgt die Ladung, das Higgsfeld(quanten) bereitet die Übertragung durch die Ausbildung eines Feldtrichters („Sombrero") vor, in den die Feldquanten durch das erzeugte Potential hineingezogen werden (das sog Higgsboson spielt hier nur eine Nebenrolle und ist nicht Träger der Wirkung, wie das Graviton.) Ähnlich funktioniert die Raumkrümmung dadurch, daß sie die Teilchen in Folge der Krümmung auf bestimmte Bahnen zwingt.

Die beiden Theorien sind mathematisch gut begründet. Allerdings fehlt die Begründung wie und warum der Raum gekrümmt oder die Trichter der Higgsquanten gebildet werden. Die Brücke (etwas beleuchtet) finden wir, wenn wir an den Anfang unserer Ausführungen zurückschalten: die Entstehung von Raum und Zeit. Wir haben die Raumquanten als kleinste Einheit postuliert. Sie werden nach weniger oder mehr Entwicklungsschritten (die Ebenen der Quantenmodelle bis hinunter zum Standardmodell) die Träger der Eigenschaften der Elementarteilchen. Also vertreten sie auch die Masseneigenschaft, die sich insbesondere durch die Impulsfähigkeit ausdrückt

Diese Impulseigenschaft haben wir als eine der ersten Eigenschaften der Raumquanten erkannt. Damit haben wir nun die Brücke: Die Krümmung des Raumes folgt der Bewegung der Raumquanten und die von ihnen hervorgerufenen Feldtrichter sind eine Folge der Raumquanten. So erzeugt der Raumquantenstrom einen Impulsstrom, der letztlich die Masseneigenschaft transportiert. Die (weiterentwickelten) Raumquanten übernehmen also die Funktion der Gravitonen. (Bild 4.1)

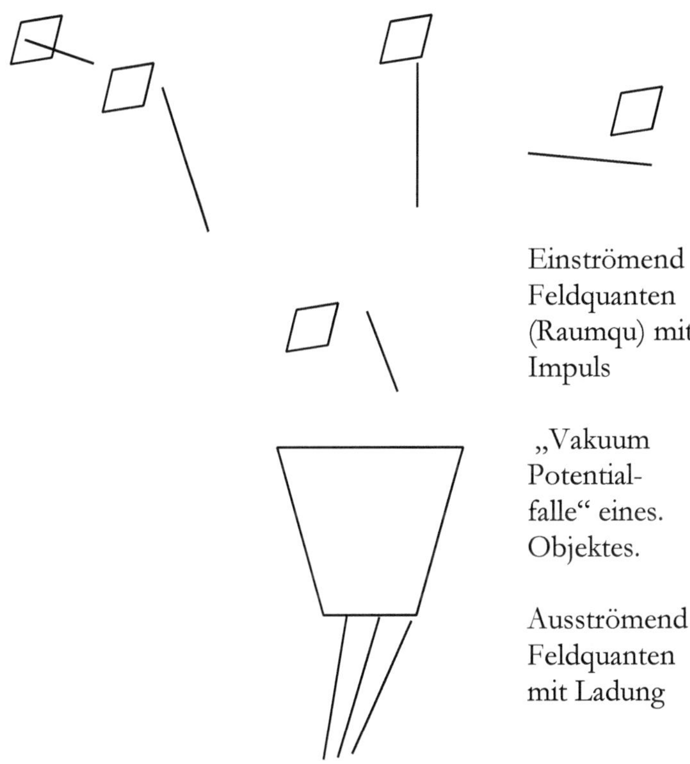

Bild 4.1: Funktionsschema der Masse

4.2 Die Feldgeneratoren

Eine (außer vielen anderen) Frage ist unbeantwortet geblieben: Woher kommen die ganzen Feldquanten aller beschriebenen Kräfte? Von den Elementarteilchen? Und wie bitte? Die Feldquanten müssen von den Ladungen laufend ausgesandt werden! Warten, bis ein Feldquant einer anderen Ladung auftaucht, geht nicht (würde nur zusätzlich eine nicht vorhandene Sensorik bedingen). Also werden die Feldquanten erzeugt und zwar von den Ladungen der Elementarteilchen. Diese Wellenpakete müssen über einen Mechanismus verfügen, der die Feldquanten erzeugt. Aber wovon? Das müssen bei den hohen Geschwindigkeiten der Teilchen auch ziemlich viele sein: 10 exp 20...Das Photon als elektromagnetisches Feldquant ist gut bekannt. Das Elektron wäre bald aufbebraucht, wenn es so viele Feldquanten erzeugen sollte. Erinnern wir uns an die unerschöpfliche Quelle des „Vakuums". Es ist „übervoll" mit Primär- und Sekundärquanten. Higgs hat es vorgerrechnet mit der Annahme eines überall vorhandenen Higgsfeldes.

Es liegt nahe anzunehmen, daß die Ladungen die Feldquanten „weiterreichen", wenn ihre Potentiale „voll sind". (Bild 4.1) Das sog Goldstone-Boson könnte ein Beispiel sein, aber nur eines, das auch nur bei sog. Symmetriebrüchen erzeugt wird. Vor allem fehlt noch etwas: das aufgenommene und weiterzusendende Feldquant muß noch die spezifischen Ladungseigenschaften erhalten. Das geht am einfachsten, wenn sich um jede Ladung spezifische Trichter (wie zB beim Higgsfeld) als Potentialfallen aufbauen. Die einfallenden Feldquanten sind dann schon selektiert und müssen „nur noch" richtig gepolt werden.

Bei der Gravitation brauchen wir keine Polung, sie ist einpolig und bei der schwachen Kraft können wir die Erzeugung der Feldquanten weglassen, weil die Ladung (der Feldgenerator) als Ganzes und nur einmal je Elementarteilchen versandt wird. Bei den Quarks lassen sich mit diesem Mechanismus die Drittelungen der elektrischen Ladung erklären. (S. Band V)

4.3 Die Spindeutungen

Über dem Spin der Elementarteilchen (Fermionen und Bosonen, nicht dem Bahnspin der Elektronen im Atom) hängt ein ganz dunkler Schatten, den wir gnadenlos ausleuchten: Nach herrschender Meinung sind die Elementarteilchen Punkte und die können sich nicht drehen. Die gesamte Bewegung des Spins ist sehr akribisch und nachprüfbar mit den Verfahren der klassischen und der quantenmechanischen Rotation untersucht worden! Das beim Spin auftretende Magnetfeld läßt sich damit vollständig erklären! Aber der Spin darf keine Drehung sein! Freunde, geht es noch??   Letztes Hilfsargument: Die Ausganssituation (bei Spin ½) wird erst nach zwei vollen Phasen (2 x 360°) wieder erreicht.

In Band X haben wir gezeigt, wie man den Spin konstruieren kann: als Querwelle, die alle anderen mitdreht. Bei Spin ½ lägen zwei volle Phasen zwischen einer Drehung. Es scheint mir ziemlich absurd, die Drehung immer zu leugnen, wenn es so bewährte Erklärungen gibt. Es liegt doch näher, die überholte Punktthese in den Papierkorb zu werfen und die verbliebenen Dunkelstellen auszuleuchten!

Und warum wird der Spin nicht als eigenständige („fünfte") Kraft anerkannt? Sie erzeugt ein Magnetfeld und hat mindestens zwei Ladungsarten (nord, süd). Die zu klärende Frage ist auch hier: Wie werden die Feldbosonen erzeugt? Antwort: Man schaue auf die elektromagnetische Kraft.

4.4 Fernwirkung, Quantelung , Unschärfe, Virtuelle Q, Paritätsverletzung

Drei heftige Stichworte mit langen Schatten. Wir haben dazu in II, IV, V, IX verschiedene Ansätze gezeigt. Dashalb möge hier eine Kurzfassung genügen:

Fernwirkung: In unserem Quantenmodell (zur Beschreibung der Entstehung des Universums) gibt es „vor" dem Standardmodell mehrere weitere Ebenen mit Geschwindigkeiten >> c (Licht), zT mit v nahe oo. Damit ist eine Erklärung als Resonanzmodell möglich.

Quantelung: „Zentrum" der Quantelung ist die Wirkungsgröße h (Planck). Das ist die Wirkung einer Welle. Ein Teil einer Welle macht für die wellenbasierten Quanten ebensowenig Sinn, wie der Teil eines Elektrons oder eines Quarks. Ein Schatten bleibt: warum gibt es keine kleineren Wirkungsgrößen oder eine beliebige Skalierung? Was würde dann mit den Teilchen und ihren Wechselwirkungen passieren? Na?

Die Unschärfe für faktische Aussagen (tot, lebendig, rechts-, links-orientiert...) hängt eng mit der Quantelung zusammen.
Unschärfe ist in allenVorgängen gegeben, in deren Formalismus die Wirkung h enthalten ist. Im übrigen ist die Quantentheorie stark statistisch ausgerichtet. Statistik ist per se immer unscharf, das ist ihre Berufung. Die Statistik ist anderseits entschieden sicherer in ihrer Aussage als Einzelergebnisse: Statistik beruht auf einer Erhebungsmenge!

Die Unbestimmheit wird mit der Beobachtung des Ergebnisses aufgelöst. Dabei kann manchmal nicht eindeutig auf die Historie, den Prozeßverlauf, zurückgeschlossen werden. – Das können wir in der täglichen Erfahrung häufig auch nicht, denken wir nur an die vielen.......und nicht zuletzt an die Wahrscheinlichkeitsaussage jeder Statistik.

Ein großer Schatten der „Ungewöhnlichkeit" liegt über den viel zitierten „virtuellen" oder „fiktiven" Teilchen. Sie müssen Prozesse „retten", die ohne diese Teilchen nicht funktionieren. Wenn sie in (Feyman)schleifen einbezogen werden, wird die Energie schnell explodieren. Das muß dann wieder mathematisch korrigiert werden. Die Ungewöhnlichkeiten und Korrekturaufwendungen lassen sich vermeiden, wenn das „Vakuum" als „gefüllter" Feld- und Teilchenraum verstanden wird. Wir haben oben vorgeschlagen, mehrere Quantenebenen – ähnlich dem Standardmodell – anzunehmen. Auch um andere dunkle Phänomene (dunkle Energie und andere Schattengewächse, an denen auch noch die Entstehung des Universums angebunden ist) zu erhellen.

 Bei der Paritätsverletzung geht es um eine Verletzung der Konstruktionsregeln für Teilchen (Fermionen). Es geht immer um die fehlende schwache Kraft, die nach den ergänzenden Konstruktionsregeln Bild 3.6 bei allen Fermionen dazugehört. Da jedoch dem Neutrino (-) rechts (r) und Antineutrino (+) links (l) die Lebenskraft nicht reicht, fehlt die schwache Kraft überall dort, wo diese „Chiralität" gefragt wäre Die Verletzung reduziert sich also auf zwei Neutrinos der genannten Ausprägung.

4.5 Quanten- und relativistischer Ansatz

Die Quantenthorie ist ein schlüssiges mathematisch, meistens auch relativistisch gut durchdrungenes Konzept. Die „dunklen Stellen" und Schatten beruhen zT auf scheinbaren Paradoxien, die „auch" durch Denkgewohnheiten begründet sind. Den Fachleuten soll man daraus keinen Vorwurf machen: Es geschieht meist aus Umsicht. Andere Schatten ergeben sich aus

Schwierigkeiten und zT, wie wir formulieren, Unmöglichkeiten (auch Denkgewohnheiten ?) einer logisch schlüssigen Lösung .

Das gilt ähnlich auch für die Relativitätstheorie. Zumindest für die spezielle. Die „merkwürdig anmutenden" Verzerrungen von Raum und Zeit bei v nahe c (=Lichtgeschw) ergeben sich aus sehr einfacher gut nachvollziebarer Rechnung. Deren Kern ist die Begrenzung der Lichtgeschwindigkeit (darüber könnte man dikutieren) und der sog. Lorentzformalismus. Bei der allgemeinen Relativitätstheorie steht die Beschleunigung und damit die Raumkrümmung im Mittelpunkt. Sie begründet die Gravitation. Mathematisch korrekt und ergebnissicher doch wird hier nur der Begriff Gravitation durch Raumkrümmung ersetzt. Wir haben oben gezeigt, wie wir tatsächlich eine Raumkrümmung als kausale Ursache konstruieren können: nämlich mit den Raumquanten. Damit sind die logischen Differenzen zu den anderen Theorien, sagen wir: geglättet. Über diese könnte man sogar die Unschärfe der Quantentheorie berücksichtigen.

5 Schattenbilanz

5.1 Schatten der Entstehungsmodelle

Urknall/ Big Bang

Die Urknalltheorie hat den Vorzug, daß alles mit einem Punkt beginnt, also physikalisch bei nichts! Mit der Unschärfe allein läßt sich das nicht erklären. Es muß mindestens die gesamte Energie des Kosmos in diesem Punkt vorhanden gewesen sein. Wo kommt die her? Und wie wird sie so extrem verdichtet? Und wieso explodiert und „inflationiert" das urplötzlich? Also da gibt es mehr Fragen als Antworten.

Quantenschleifenthorie

Diese Theorie geht – mathematisch – rückwärts über den Nullpunkt hinaus und entwickelt so die Verganenheit in negativer Zeitrichtung. Damit ist die Frage der Anfangsenergie gelöst. Die Frage nach dem Anfang ist abgelöst durch die Behauptung eines immer bestehenden Universums. Die Frage nach einer ersten Ursache oder zumindest, wenn man diese leugnen möchte, nach dem Anstoß zu Veränderungen bleibt unbeantwortet. Auch hier wird nur ein, nur unser Universum angesprochen.

Stringtheorie

Die Stringtheorie „löst" die Frage des Anfangs ähnlich: es gibt keinen Anfang, nur Änderungen. Immerhin erlaubt oder erfordert diese Konzeption mehrere Universen. Also etwas eleganter und auch nicht befriedigend.

Raumquantentheorie

Diese Theorie, die wir hier zugrunde gelegt haben, geht für die Konstruktion eines Universums vom Nichts aus oder vom „Fast-Nichts", eben den Raumquanten. Das Universum ist hier ein Prozessergebnis, das keinen Urknall, keine „Inflation" benötigt und das eher mehrere ähnliche Prozesse vermuten läßt, also viele Universen, die auch jetzt noch entstehen und vergehen. Das Konzept bietet einen Erklärungsansatz für die Raumkrümmung und ein einheitliches Feldkonzept. Die Frage nach dem ersten Anstoß kann auch dieses Konzept nicht beantworten, ebensowenig wie die Frage, warum und wie Raumquanten entstehen.

Die Jenseitige Kraft

Die Fragen nach Anfang, Ursache und Anstoß lassen sich uE nicht beantworten, solange die fundamentalen Grundsätze
  Satz vom Grunde
  Satz von der Erhaltung
gültig sind. Setzen wir diese Regeln außer Kraft, dann gäbe es Antworten, Antworten, die keine Schatten mehr werfen, doch diese gehen über das hinaus was wir logisch begründen können.

5.2 Bilanz

Die wenigsten Schatten und das meiste Licht sehen wir in dem Raumquantenansatz:
    Übergang vom Nichts zum Etwas
    Phasenweise Weiterentwicklung ohne Urknall
    Erklärungsansatz für Raumkrümmung Allg. Reltheorie
    Allg. Ansatz für Feldquanten incl Masse...

In der französischen Ausgabe 12f (bod.fr) werden zusätzlich folgende Fragen beantwortet:
Wie entstehen die Raum-Zeitquanten
Woraus bestehen die Raum-zeitquanten
Einfluß auf die Physik und unser Weltbild

Den meisten Schatten sehen wir in den „Punkten“: die Punktehypothese für alle Elementarteilchen. Wir wollen nicht bestreiten, daß sie sich einer räumlichen Messung nicht oder schwer erschließen. Die starre Hypothese aber verbirgt jeden tieferen Einblick in den Aufbau der Teilchen incl Spin und läßt sie damit im Schatten stehen. Dabei ist allgemein akzeptiert, daß die Teilchen aus Wellenpaketen bestehen. Deren Aufbau und Funktionsweise gilt es zu erschließen.

Ebenfalls ist die Interpretations des Vakuums viel zu eng, einige virtuelle Teilchen sind zu wenig. Die Quantenebenen, die das Standardmodell ergänzen sollten könnten Licht ins bewahrte Dunkel bringen.

Auch der Autor hat einige Schatten verursacht, sie bei Wahrnehmung sofort benannt: mit seiner persönlichen Lernkurve hat er einige Hypothesen der ersten Bücher angepaßt und weiterentwickelt, es gibt auch Fehler.

Das hellste Licht dürfen wir von einer Quelle erwarten, die der uns gewohnten logischen Grundsätze nicht bedarf. Nur sie kann den Anfang und was davor verborgen ist erhellen, wenn sie wollte. Das wird aber nur geschehen, wenn die Menschheit über allen Erkenntnisbedarf erhaben wurde. Und deshalb wird das nie geschehen.

.

Literatur

Derselbe Autor

Das Innenleben der Elementarteilchen. Bod.de 2008

Structure of Quantum I. Amazon.com 2010

Das Innenleben der Elementarteilchen II. Felder, Ladungen, Kräfte. Bod.de 2009

La structure des Particules élémentaires III. Le Néant le Tout et Dieu. Bod.fr 2me ed. 2012

Structure of Quantum IV General Model. Bod.de 20010

Das Innenleben der Elementarteilchen V. Detailmodell. Bod.de 2010

La structure des Particules élémentaires VI. Les règles du néant du tout et du Dieu. Bod.fr 2012

La structure des Particules élémentaires VII f 3me ed. Le Début de l'Univers Bod.fr 2012

Der Sinn des Individuums und des Universums. Das Innenleben der elementarteilchen VIII d.BoD.de 2012

Le Sens de l'Indinidu et de l'Univers La structure des Particules Élémentaires VIII f. BoD.fr 2013

Rätsel der Teilchen und des Universums. Das Innenleben der Elementarteilchen IX d.BoD.de 2013

Der Schlüssel des Universums. Das Innenleben der Elementarteilchen X d.BoD.de 2014

Der Pfad zur Weltformel. Das Innenleben der Elementarteilchen XI d.BoD.de 2015

L'ombre de l'homme dans l'Univers La structure des Particules Élémentaires XII f. BoD.fr 2017